·消防应急科普系列·

典型场所防火

王滨滨　编

应急管理出版社

·北　京·

图书在版编目（CIP）数据

典型场所防火 / 王滨滨编 . -- 北京：应急管理出版社，2020

（消防应急科普系列）

ISBN 978-7-5020-8072-3

Ⅰ. ①典… Ⅱ. ①王… Ⅲ. ①防火—普及读物 Ⅳ. ① X932-49

中国版本图书馆CIP数据核字(2020)第073711号

典型场所防火（消防应急科普系列）

编　　者　王滨滨
责任编辑　尹忠昌　曲光宇
编　　辑　梁晓平
责任校对　李新荣
封面设计　陈　珊

出版发行　应急管理出版社（北京市朝阳区芍药居 35 号　100029）
电　　话　010－84657898（总编室）　010－84657880（读者服务部）
网　　址　www. cciph. com. cn
印　　刷　中煤（北京）印务有限公司
经　　销　全国新华书店

开　　本　880mm × 1230mm $^{1}/_{32}$　**印张**　2　**字数**　48 千字
版　　次　2020 年 10 月第 1 版　2020 年 10 月第 1 次印刷
社内编号　20200376　**定价**　38.00 元

目次

CONTENTS

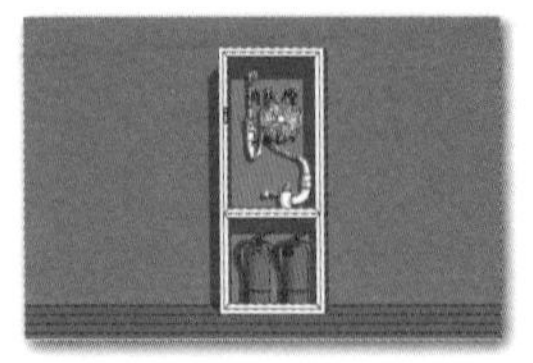

3

第三章　公共建筑消防防火知识 35

4

第四章　其他典型场所 49

第一章 建筑防火基本知识

第一节 建筑分类

大家知道我们居住、使用的建筑都是如何分类的吗？不要小看建筑的分类，它可与建筑防火的设计息息相关，我们可以根据建筑的使用性质及建筑的高度来划分建筑类别。

一、按照使用性质分类

建筑按照使用性质可以分为工业建筑和民用建筑（图1-1）。

工业建筑主要是指以生产和储存为目的的厂房、仓库建筑，还包括储存场所如液体、气体储罐区及可燃材料堆场。

民用建筑为除工业建筑以外的供人们短期或长期居住使用的住宅、宿舍、公寓以及供人们进行各种公共活动的建筑，如教育、办公、科研、文化、商业、服务、体育、医疗、交通、纪念、园林、综合类建筑等。公共建筑由于其建筑结构复杂、使用功能多样、人员相对密集，其危险性大于住宅类建筑，防火要求也相对较多。此外，由于宿舍、公寓的火灾危险性与公共建筑接近，它们按照公共建筑来进行防火措施的设计。

二、按照高度分类

建筑按照高度分可分为单层建筑、多层建筑、高层建筑（包

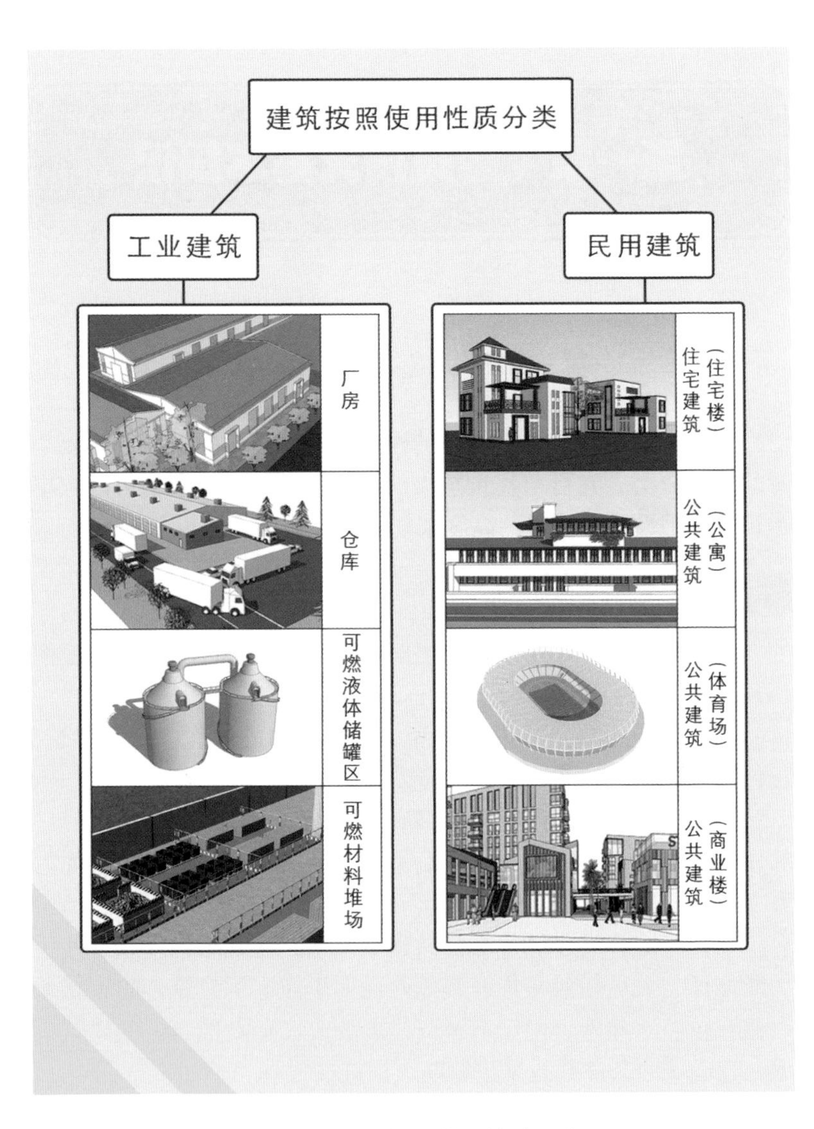

图 1-1　建筑按照使用性质分类

括超高层建筑），如图 1–2 所示。建筑高度超过 100 m 的超高层建筑的火灾危险性要大于高层建筑，高层建筑的火灾危险性大于单、多层建筑，防火要求依次降低。

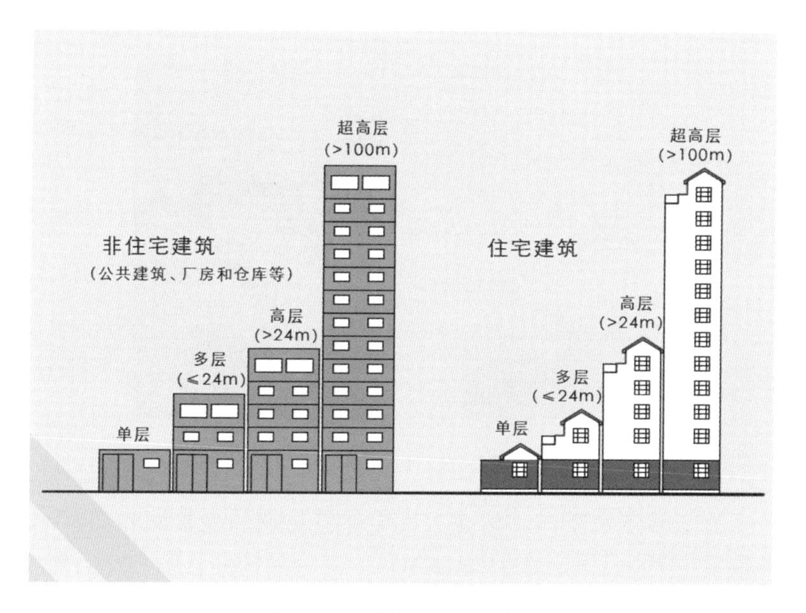

图 1–2　建筑按照高度分类

第二节　耐 火 等 级

发生在 2001 年美国纽约世界贸易中心的“9・11”恐怖袭击事件依然历历在目：两架被恐怖分子劫持的民航客机分别撞向美国纽约世界贸易中心一号楼和世界贸易中心二号楼，两座建筑在遭到攻击后相继倒塌。双子楼被飞机直接撞击的若干个楼层，立即发生了严重的结构破坏，包括局部的坍塌。但除这个局部之外的其他部位，结构保持完好。但是，由于飞机撞击大楼，导致飞机上的航空燃料被点燃，撞击产生的巨大火球瞬间消耗了一部分燃油。剩下的燃油沿着楼层流到电梯井和道井里，在整个建筑的上半部分引发了大火。随着大火的蔓延，主体钢结构的承载能力被逐渐削弱，最终导致了大楼的整体坍塌。“9・11”事故现场图如图 1–3 所示。

图 1–3 “9・11”事故现场图

为了使建筑整体结构在火灾中保持足够的完整性和稳定性，不致发生失效倒塌，并且确保建筑内部分隔构件具备一定的隔火能力，控制火灾在建筑物内的蔓延范围和蔓延速度，所以，根据建筑的层数、高度、危险性大小、使用性质及重要程度确定建筑物要具有一定的耐火等级。建筑的耐火等级分为一、二、三、四级，一级耐火等级的建筑抗火能力最强，四级耐火等级的建筑抗火能力最弱。建筑是由建筑构件所组成的，主要的建筑构件有墙、柱、梁、楼板、屋顶承重构件、疏散楼梯等（图 1–4），这些建筑构件的耐火性能要与建筑本身的耐火等级相匹配。建筑构件的耐火性能包括两部分内容：一是构件的燃烧性能，二是构件的耐火极限。

根据标准要求，建筑构件的燃烧性能可分为不燃性、难燃性、可燃性和易燃性四类。而耐火极限指的是在标准耐火试验条件下，建筑构件、配件或结构从受到火的作用时起，至失去承载能力、完整性或隔热性时止所用时间，用小时（h）表示。建筑构件的燃烧性能和耐火极限，应与建筑整体的耐火等级相匹配。我国大部分的民用建筑采用一、二级耐火等级。例如：地下、半地下建筑耐火等级为一级，高层建筑及单、多层重要的公共建筑的耐火等级为二级以上，老年人照料设施的耐火等级不低于三级。耐火等级的设计可以保证建筑小火不坏、大火不倒、灾后可修。

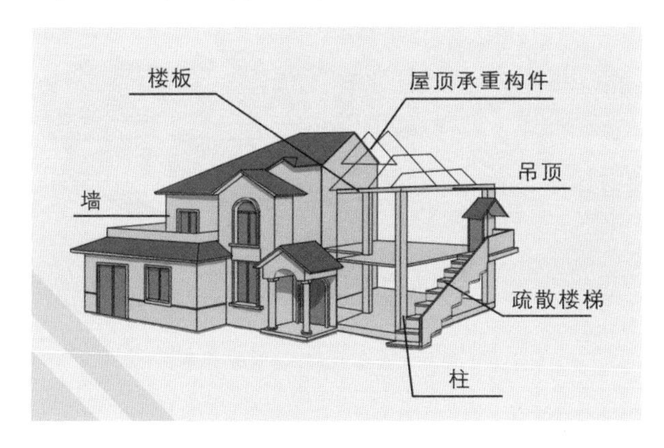

图 1-4 建筑构件

第三节 消 防 车 道

一、消防车道的定义

消防车道是供消防车灭火时通行的道路。消防车道可以利用交 通道路，要保持通畅，净宽度和净空高度均不应小于 4 m，法律规定：任何人不能以任何形式在任何时间占用消防车道。

“昨天晚上一辆小车起火，我们的消防车行驶至小区的路口就被私家车挡住了，私家车停了几千米，没有办法，我们只能从其他地方绕道……”某日，在某消防支队特勤中队的营区里，一位中队长这样说道。而就在不久前，一小区起火，消防员也被堵在了路口，消防指战员灭火争分夺秒，然而私家车乱停放占用消防车道问题屡禁不止，成为消防救援路上的“拦路虎”（图 1–5）。

图 1–5　私家车占用消防车道

二、消防车道的设置要求

消防车道根据其设置的形式，可以分为环形消防车道、穿过建筑的消防车道和尽头式消防车道。

1. 环形消防车道

对于那些高度高、体量大、功能复杂、扑救困难的建筑应设环形消防车道。例如：高层民用建筑，超过 3000 个座位的体育馆，超过 2000 个座位的会堂，占地面积大于 3000 m^2 的商店建筑、展览建筑等单、多层公共建筑的周围应设置环形消防车道。确有困难时，可沿建筑的两个长边设置消防车道（图 1–6）。

对于高层住宅建筑和山坡地或河道边临空建造的高层民用建筑，可沿建筑的一个长边设置消防车道，但该长边所在建筑立面应为消防车登高操作面（图 1–7）。

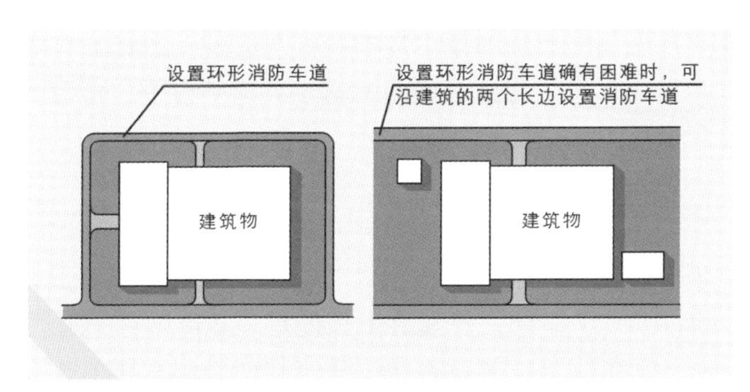

图 1-6　环形消防车道设置要求示意图

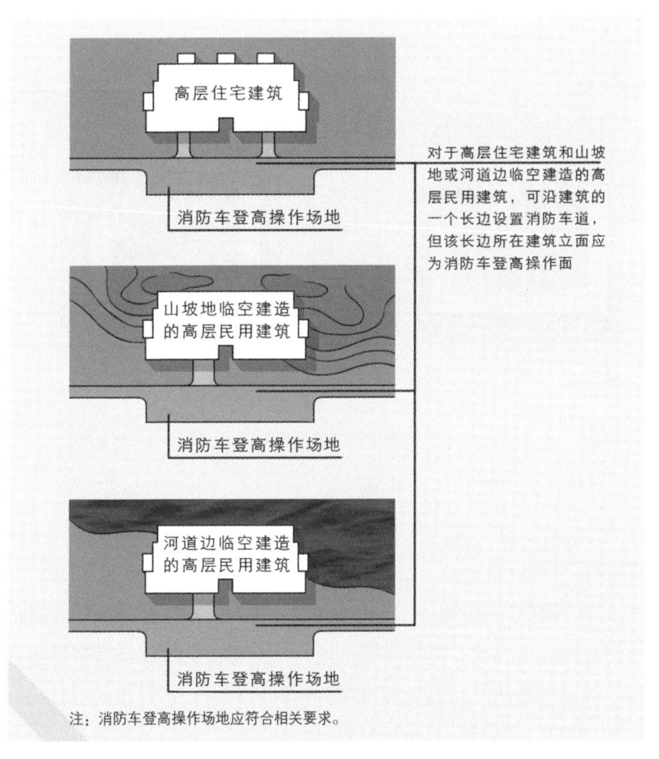

图 1-7　高层住宅建筑和山坡地或河道边临空建造的高层民用建筑消防车道设置要求示意图

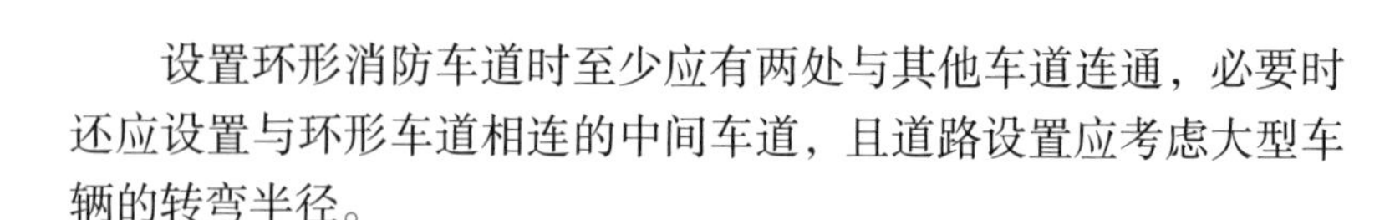

设置环形消防车道时至少应有两处与其他车道连通，必要时还应设置与环形车道相连的中间车道，且道路设置应考虑大型车辆的转弯半径。

2. 穿过建筑物的消防车道

对于一些使用功能多、面积大、建筑长度长的建筑，如长条形、L 形、U 形建筑物，当其沿街长度超过 150 m 或总长度大于 220 m 时，应在适当位置设置穿过建筑物的消防车道。确有困难时，应设置环形车道（图 1–8）。

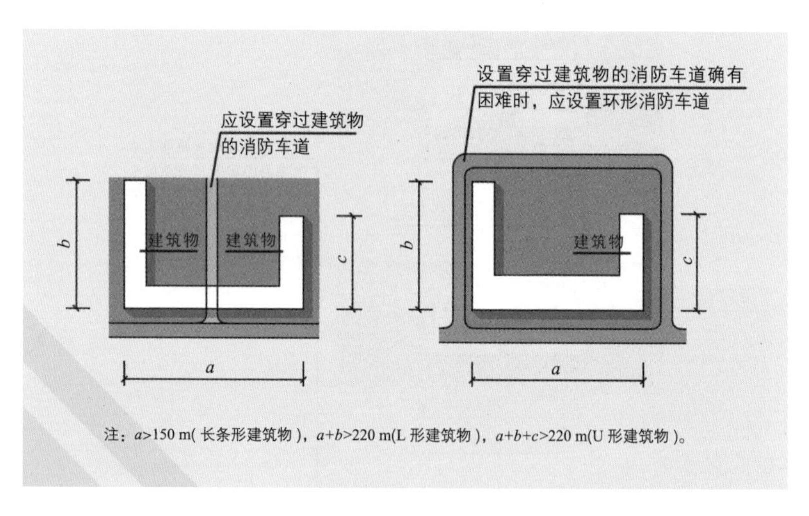

图 1–8　穿过建筑的消防车道设置要求示意图

为了日常使用方便和消防人员快速便捷地进入建筑物内院救火，有封闭内院或天井的建筑物，当内院或天井的短边长度大于 24 m 时，宜设置进入内院或天井的消防车道（图 1–9）。

有封闭内院或天井的建筑物沿街时，应设置连通街道和内院的人行通道（可利用楼梯间），其间距不宜大于 80 m（图 1–10）。

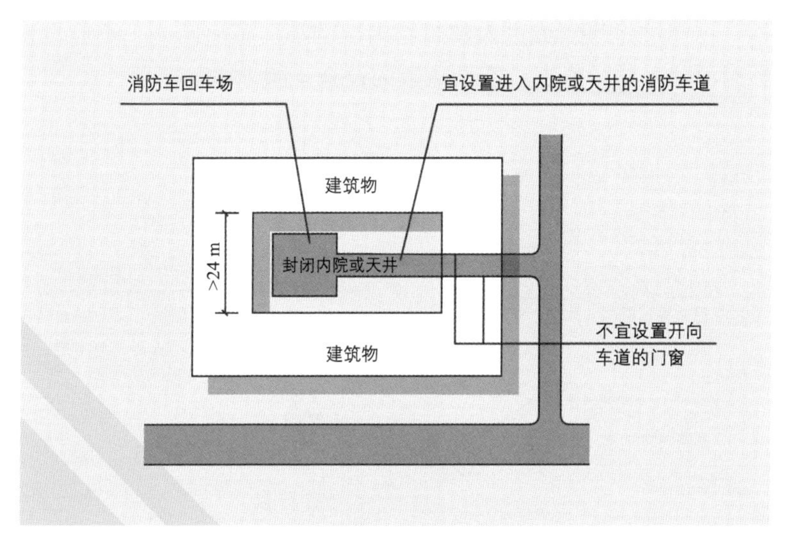

图 1-9　进入内院或天井的消防车道设置要求示意图

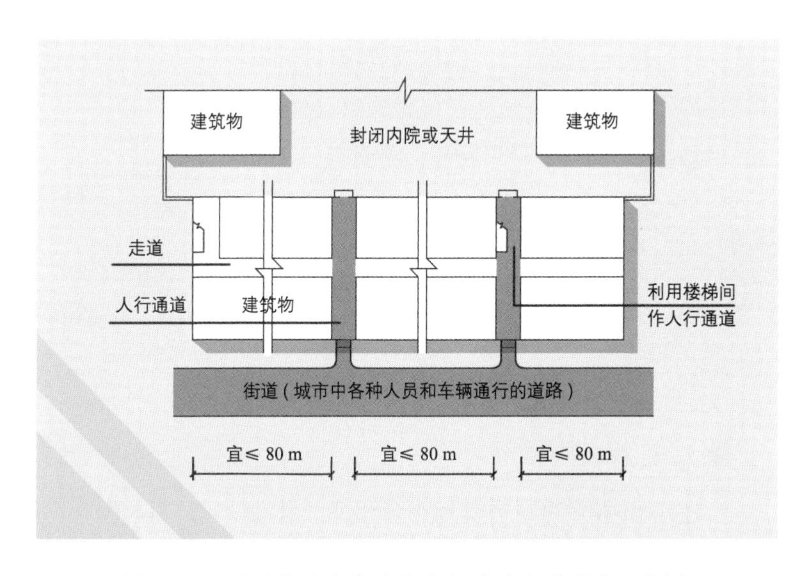

图 1-10　连通街道和内院的人行通道设置要求示意图

在穿过建筑物或进入建筑物内院的消防车道两侧，不应设置影响消防车通行或人员安全疏散的设施（图 1–11）。

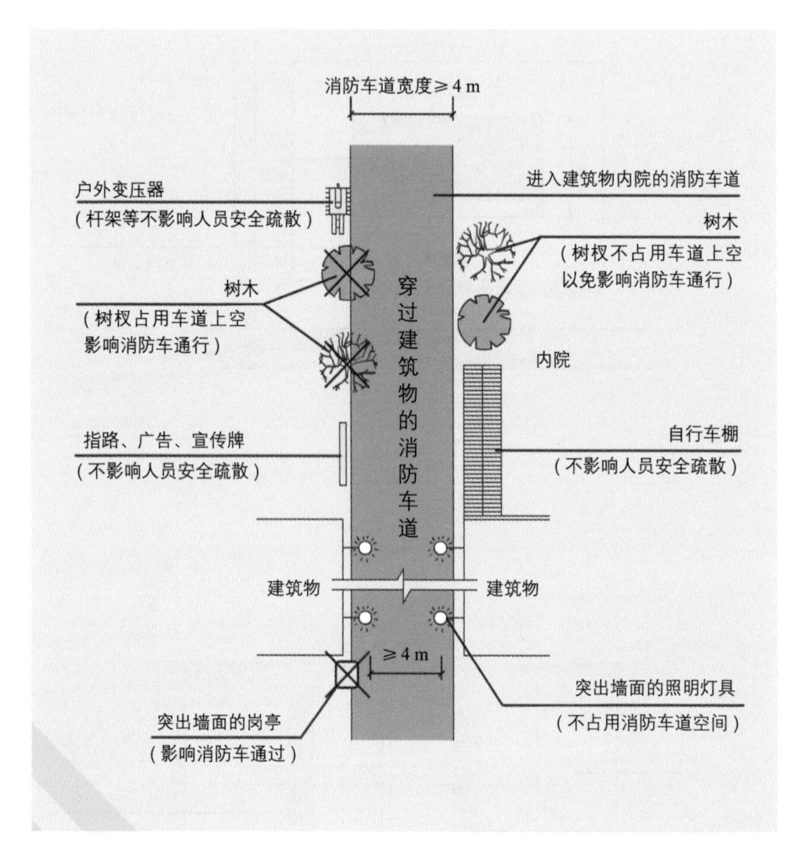

图 1–11　消防车道两侧设置要求示意图

3. 尽头式消防车道

当建筑和场所的周边受地形环境条件限制，难以设置环形消防车道或与其他道路连通的消防车道时，可设置尽头式消防车道。尽头式消防车道需设足够大型消防车掉头的回车场（图 1–12）。

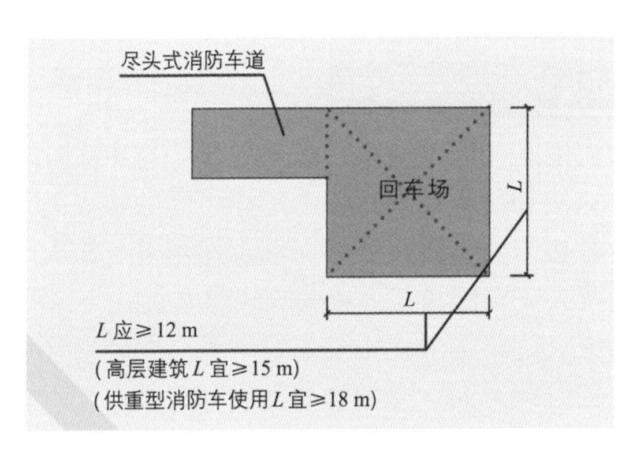

图 1-12　回车场设置要求示意图

第四节　防火间距

一、防火间距的定义

防火间距为建筑间防止火灾蔓延的最小间距。有条件时，设计师要根据建筑的体量、火灾危险性和实际条件等因素，尽可能加大建筑间的防火间距。实际生活中如果防火间距较小，将极大增加火灾风险，如图 1-13 所示。

图 1-13　楼间距的影响

二、影响防火间距大小的因素

影响防火间距的因素较多、条件各异，对于火灾蔓延，主要有飞火、热对流和热辐射等。在确定建筑间的防火间距时，综合考虑了灭火救援需要、防止火势向邻近建筑蔓延扩大、节约用地等因素，以及火灾实例和灭火救援的经验教训。

其中，火灾的热辐射作用是主要因素。热辐射强度与灭火救援力量、火灾延续时间、可燃物的性质和数量、相对外墙开口面积的大小、建筑物的长度和高度，气象条件等有关。对于周围存在露天可燃物堆放场所时，还应考虑飞火的影响。飞火与风力、火焰高度有关，在大风情况下，从火场飞出的火团可达数十米至数百米。

三、防火间距的确定原则

1. 防止火灾蔓延

民用建筑防火间距的大小要综合考虑建筑的层数、高度及耐火性能（耐火性能越好，建筑越抗烧），工业建筑除了考虑层数、高度和耐火性能，还要考虑建筑的危险性大小。层数越多、高度越高、危险性越大的建筑，所要求的建筑结构的耐火性能越好，防火间距越大。

2. 保障灭火救援场地需要

对于低层建筑，使用普通消防车即可满足灭火要求；而对于高层建筑，则还要使用曲臂、云梯等登高消防车，如图 1–14 所示。考虑到扑救高层建筑需要使用曲臂登高消防车、云梯登高消防车等特种车辆，为满足消防车辆通行、停靠、操作的需要，结合实践经验，高层建筑的防火间距要比单、多层建筑的防火间距要大。

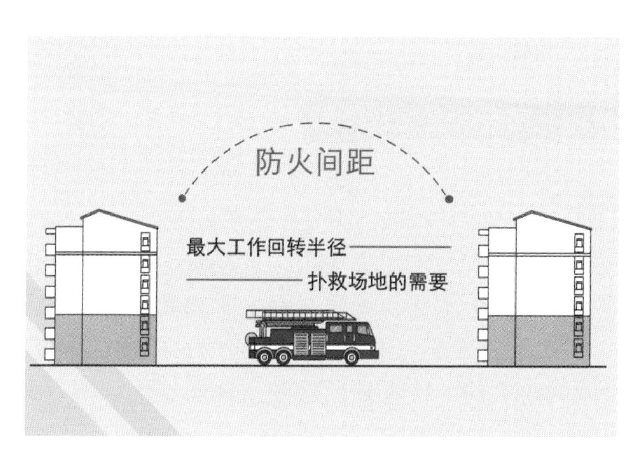

图 1-14　防火间距影响因素示意图

除此之外，防火间距设置还要兼顾节约土地的原则，不能一味增大。

第五节　防火分隔

建筑内的防火分隔是指利用防火墙、防火隔墙、防火门（窗）、防火卷帘和防火分隔水幕等进行空间的分离。

一、防火墙的定义及作用

防火墙是防止火灾蔓延至相邻建筑或相邻水平防火分区（防火分区定义见后）且耐火极限不低于 3.00 h 的不燃性墙体。主要进行水平的防火分隔。

二、防火隔墙的定义及作用

防火隔墙是建筑内防止火灾蔓延至相邻区域且耐火极限不低于规定要求的不燃性墙体。防火墙隔一般达不到防火墙的燃烧性能和耐火极限的要求，在防火分隔措施中，相对于防火墙来说是较弱一级的分隔措施。

三、防火门（窗）的定义及作用

1. 防火门

防火门是指具有一定耐火极限，且在发生火灾时能自行关闭的门。按材质可分为木质、钢质、钢木质和其他材质防火门；按门扇结构可分为带亮子、不带亮子防火门，单扇、多扇防火门。建筑中设置的防火门，应保证门的防火和防烟性能符合标准的规定。防火门结构示意图如图 1–15 所示。

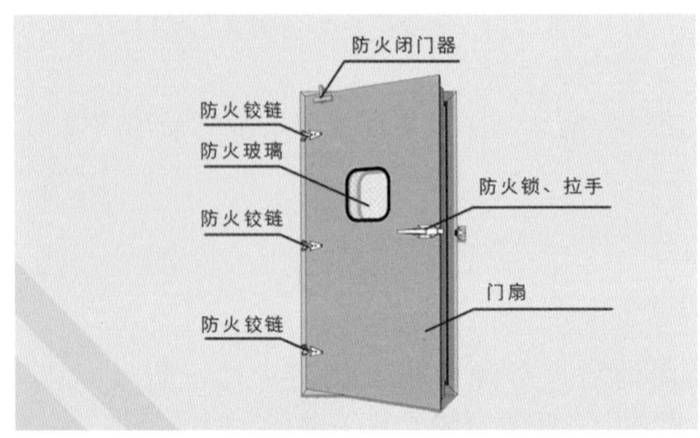

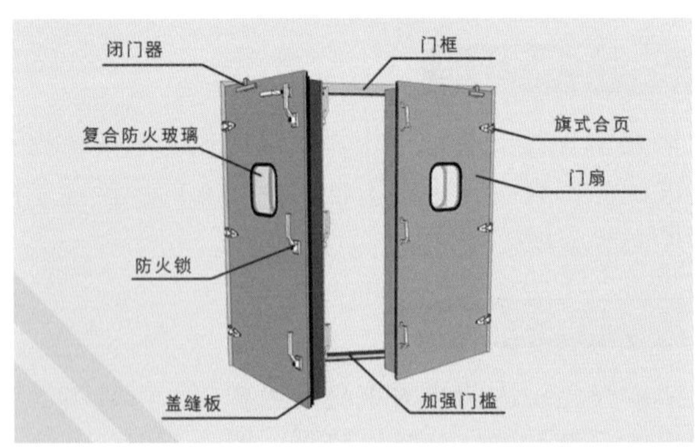

图 1–15　防火门结构示意图

疏散通道上的防火门应向疏散方向开启，并在关闭后应能从任一侧手动开启。人员密集场所，如电影院内平时需要控制人员随意出入的疏散门和设置门禁系统的住宅、宿舍、公寓建筑的外门，应保证火灾时不需使用钥匙等任何工具即能从内部易于打开，并应在显著位置设置具有使用提示的标志（图1–16）。

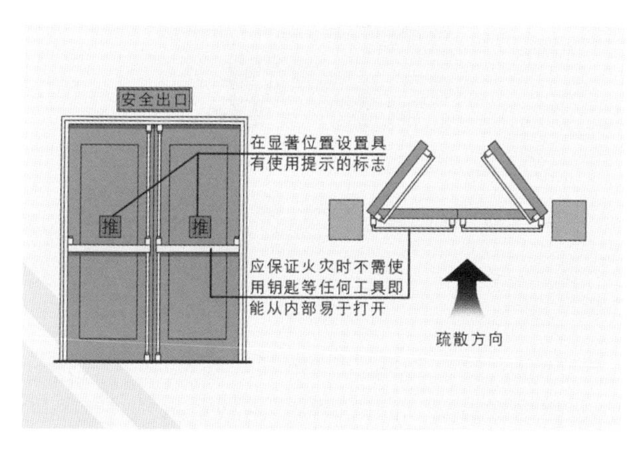

图1–16 人员密集场所从内部易于打开的防火门示意图

除管井检修门和住宅的户门外，防火门应能自动关闭；双扇防火门应具有按顺序关闭的功能。

某日，哈尔滨市松北区某休闲酒店有限公司发生重大火灾事故，过火面积约400 m^2，造成20人死亡，23人受伤，火灾发生前一日，酒店三层客房领班张某使用灭火器箱挡住E区三层常闭式防火门，使其始终处于敞开状态（图1–17）。起火后，塑料绿植装饰材料燃烧产生的大量含有二氯乙烷、丙烯酸甲酯、苯系物等有毒有害物质的浓烟，迅速通过敞开的防火门进入E区三层客房走廊，短时间内充满整个走廊并渗入房间，封死逃生路线，导致楼内大量人员被有毒有害气体侵袭，很快中毒眩晕并丧失逃生能力和机会。由此可见，防火门在火灾中的作用。

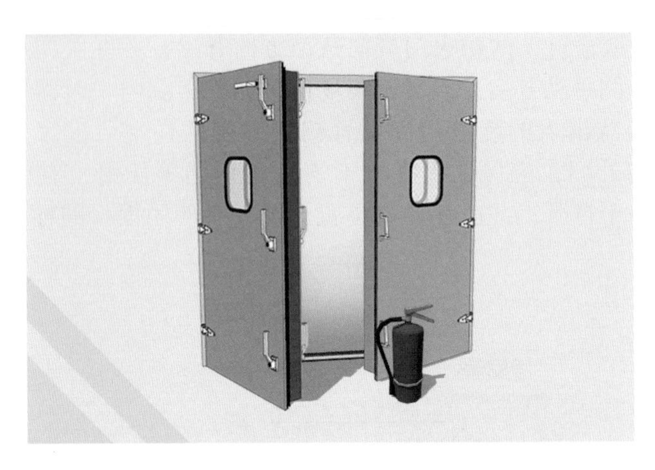

图 1-17　灭火器阻挡防火门关闭的错误行为

2. 防火窗

防火窗的耐火要求与防火门相同。设置在防火墙、防火隔墙上的防火窗应采用不可开启的窗扇或具有火灾时能自行关闭的功能。

四、防火卷帘的定义及作用

防火卷帘是在一定时间内，连同框架能满足耐火稳定性和完整性要求的卷帘，由帘板、卷轴、电动机、导轨、支架、防护罩和控制机构等组成（图 1-18）。

防火卷帘主要用于需要进行防火分隔的墙体，特别是防火墙、防火隔墙上因生产、使用等需要开设较大开口而又无法设置防火门时的防火分隔。民用建筑中，如电梯厅、自动扶梯周围，中庭与楼层走道、过厅相通的开口部位设置防火卷帘（图 1-19）。

防火卷帘具有防烟性能，疏散通道上设置的防火卷帘，火灾初期，报警信号首先联动控制防火卷帘下降至距楼板面 1.8 m 处，

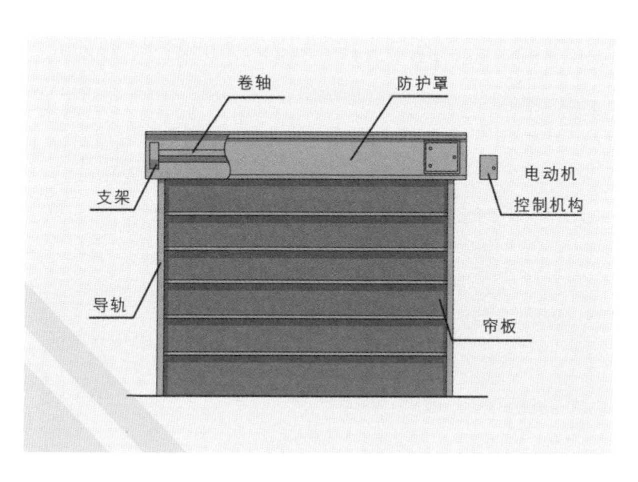

图 1-18 防火卷帘

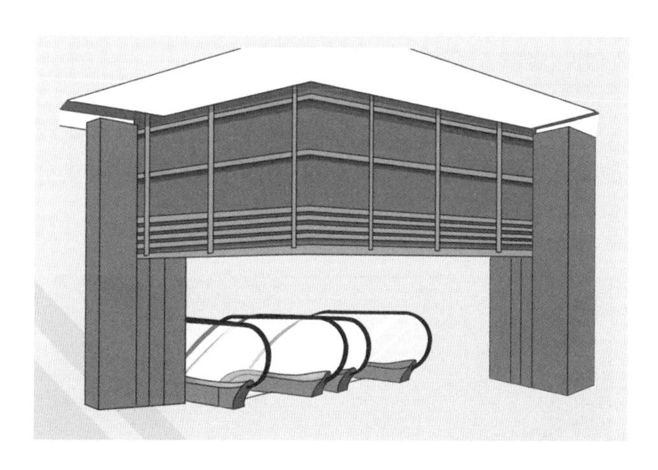

图 1-19 商场内防火卷帘示意图

可供人员疏散，随后，任一只专门用于联动防火卷帘的感温火灾探测器的报警信号联动控制防火卷帘下降到楼板面，起到阻火防烟作用。

火灾时，当防火卷帘不能联动下降时，可人为拉动手动链条

使防火卷帘下降，起到阻火隔烟的作用，如图 1–20 所示。

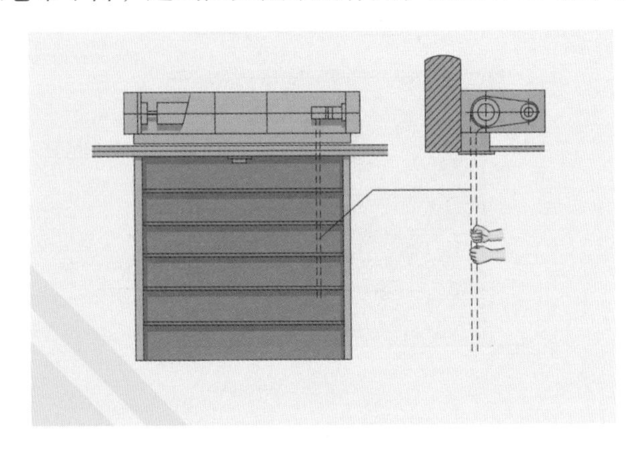

图 1–20　人为拉动手动链条使防火卷帘下降

五、防火分隔水幕的作用

防火分隔水幕可以起到防火墙的作用。在某些需要设置防火墙 或其他防火分隔物而无法设置的情况下，可采用防火分隔水幕进行分隔（图 1–21）。

图 1–21　防火分隔水幕

第六节 防火分区

一、防火分区的定义

防火分区是指在建筑内部采用防火墙和楼板及其他防火分隔设施分隔而成，能在一定时间内阻止火势向同一建筑的其他区域蔓延的防火单元。火灾中，人员可由着火地点的防火分区疏散至另一个防火分区，可保证相对的安全。防火分区可分为水平防火分区和竖向防火分区（图 1–22）。不同类别的建筑其防火分区的划分有不同的标准。

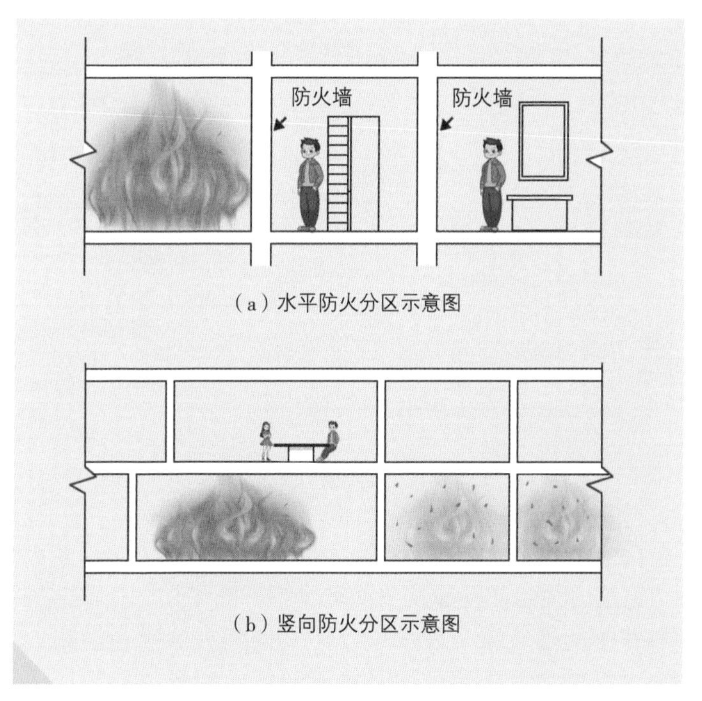

（a）水平防火分区示意图

（b）竖向防火分区示意图

图 1–22 防火分区示意图

二、防火分区的设置要求

每个楼层可根据面积要求划分成多个防火分区，高层建筑在垂直方向一般以每个楼层为单元划分防火分区，所有建筑物的地下室，在垂直方向尽量以每个楼层为单元划分防火分区。

民用建筑防火分区的面积根据建筑的使用性质、层数、高度、耐火性能来划定。当建筑内设自动喷水灭火系统时，防火分区的面积可在规定要求上扩大 1 倍。民用建筑防火分区设置标准见表 1–1。

表 1–1　民用建筑防火分区面积

<table>
<tr><th>名　称</th><th>耐火等级</th><th>防火分区最大允许建筑面积 /m²</th><th>备　注</th></tr>
<tr><td>高层民用建筑</td><td>一、二级</td><td>1500</td><td rowspan="2">对于体育馆、剧场的观众厅，防火分区的最大允许建筑面积可适当增加</td></tr>
<tr><td rowspan="3">单、多层民用建筑</td><td>一、二级</td><td>2500</td></tr>
<tr><td>三级</td><td>1200</td><td rowspan="2"></td></tr>
<tr><td>四级</td><td>600</td></tr>
<tr><td>地下或半地下建筑（室）</td><td>一级</td><td>500</td><td>设备用房的防火分区最大允许建筑面积不应大于 1000 m²</td></tr>
</table>

第七节　建筑装修防火

在众多建筑火灾事故中，有大部分的建筑火灾与建筑内装修有关，建筑内装修使得建筑中的可燃物不断增加，这些装饰、装修材料并不能够直接引发火灾，但其遇到火源后会燃烧，不但能加快火灾的蔓延速度，而且由于建筑内装修材料组成比较复杂，会产生大量的有毒气体，影响居民的生命财产安全，增加居民的经济损失。为了有效减少建筑火灾的发生与蔓延，需要尽量选择不燃性及质量较好的装饰装修材料，降低建筑火灾的发生率。

装修材料按照其使用功能可分为饰面材料、大型家具、装饰织物、装饰件、隔断。按照使用部位和功能分为顶棚装修材料、墙面装修材料、地面装修材料、隔断装修材料、固定家具、装饰织物和其他装饰材料。各部分材料燃烧性能分级分为 A 级不燃材料、B_1 级难燃材料、B_2 级可燃材料及 B_3 级易燃材料。装修中需尽量采用 A 级装修材料，国家标准也分别对单层民用建筑、多层民用建筑、高层民用建筑、地下民用建筑中的不同功能场所的顶棚、墙面、地面、隔断、固定家具、装饰织物等使用部位规定了相应的燃烧性能等级。对于建筑的特殊部位，也对建筑装修提出了具体的要求，如下所述。

建筑内部装修不应擅自减少、改动、拆除、遮挡消防设施、疏散指示标志、安全出口、疏散出口、疏散走道和防火分区、防烟分区等。

建筑内部消火栓箱门不应被装饰物遮掩，消火栓箱门四周的装修材料颜色应与消火栓箱门的颜色有明显区别或在消火栓箱门表面设置发光标志（图 1–23）。

疏散走道和安全出口的顶棚、墙面不应采用影响人员安全疏散的镜面反光材料。

地上建筑的水平疏散走道和安全出口的门厅，其顶棚应采用 A 级装修材料，其他部位应采用不低于 B_1 级的装修材料；地下民用建筑的疏散走道和安全出口的门厅，其顶棚、墙面和地面均应采用 A 级装修材料。疏散楼梯间和前室的顶棚、墙面和地面均应采用 A 级装修材料。

建筑物内设有上下层相连通的中庭、走马廊、开敞楼梯、自动扶梯时，其连通部位的顶棚、墙面应采用 A 级装修材料，其他部位应采用不低于 B_1 级的装修材料。

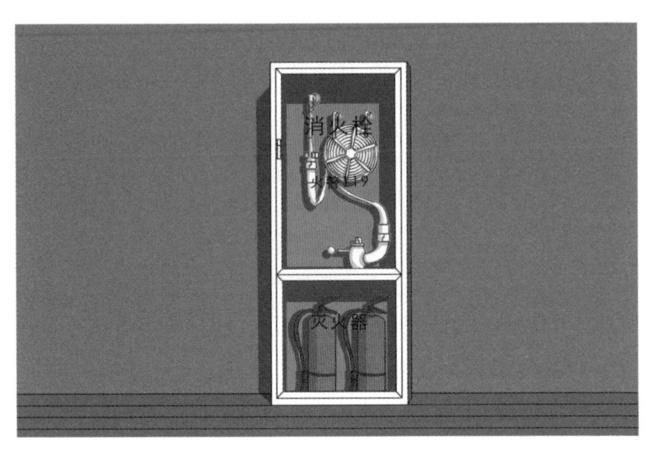

图 1-23 消火栓箱

建筑物内的厨房，其顶棚、墙面、地面均应采用 A 级装修材料。

建筑内部不宜设置采用 B_3 级装饰材料制成的壁挂、布艺等，当需要设置时，不应靠近电气线路、火源或热源，或采取隔离措施。

照明灯具及电气设备、线路的高温部位，当靠近非 A 级装修材料或构件时，应采取隔热、散热等防火保护措施，与窗帘、帷幕、幕布、软包等装修材料的距离不应小于 500 mm；灯饰应采用不低于 B_1 级的材料。

住宅建筑装修设计尚应符合下列规定：不应改动住宅内部烟道、风道。厨房内的固定橱柜宜采用不低于 B_1 级的装修材料。卫生间顶棚宜采用 A 级装修材料。阳台装修宜采用不低于 B_1 级的装修材料。

民用建筑内的库房或贮藏间，其内部所有装修除应符合相应场所规定外，且应采用不低于 B_1 级的装修材料。

展览性场所装修设计应符合下列规定：展台材料应采用不低于 B_1 级的装修材料。在展厅设置电加热设备的餐饮操作区内，与

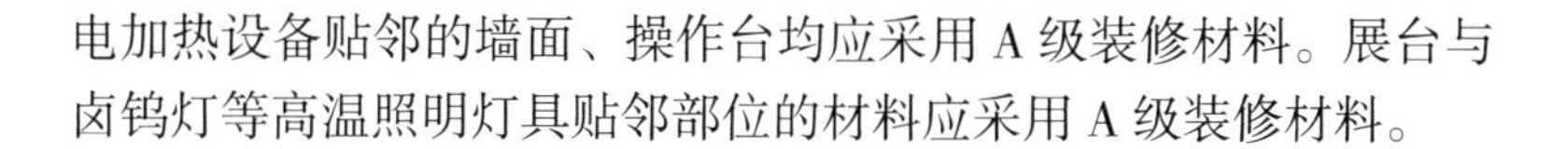

电加热设备贴邻的墙面、操作台均应采用 A 级装修材料。展台与卤钨灯等高温照明灯具贴邻部位的材料应采用 A 级装修材料。

第八节 建筑外保温材料防火

我国高层建筑外墙保温材料火灾事故多发，火灾教训深刻，如 2009 年中央电视台新大楼北配楼火灾和 2011 年沈阳皇朝万鑫酒店火灾事故，都是外来火源引起外保温材料起火造成的重大火灾事故。另外，建设工程施工期间外保温材料发生火灾的案例也较多，主要原因是电焊火花或用火不慎所致，如 2010 年上海教师公寓火灾，造成 50 多人丧生。还有一些保温材料的燃烧性能不符合相关产品标准的要求也是原因之一。因此，应严格控制建筑外保温材料的燃烧性能。

建筑外墙保温系统按结构主要有外墙内保温系统和外墙外保温系统。其材料的燃烧性能等级跟建筑装修材料的分级一样分为四级。我国现行消防技术标准对外墙保温材料防火安全性能提出了明确要求，建筑的内、外保温系统宜采用燃烧性能为 A 级的保温材料，不宜采用 B_2 级保温材料，严禁采用 B_3 级保温材料。

如何使保温材料既能满足不燃性的需求，又能降低成本，一直是研究的热点问题，所以在外墙保温材料的设计和施工过程中应当采取更加严格、更加有效的防火措施和先进的技术手段，提高高层建筑外墙保温系统的整体安全性，有效防范重特大恶性火灾事故的发生。

第九节 消防救援设施

一、消防登高面

登高消防车能够靠近高层主体建筑，便于消防车作业和消防人员进入高层建筑进行抢救人员和扑救火灾的建筑立面称为该建筑的消防登高面，也称建筑的消防扑救面（图 1–24）。

图 1–24　建筑的消防登高面

高层建筑的消防车登高操作场地最小长度为此高层建筑一条长边的长度。建筑高度不大于 50 m 的建筑，连续布置消防车登高操作场地有困难时，可以间隔布置。

建筑物与消防车登高操作场地相对应的范围内应设置直通室外 的楼梯或直通楼梯间的入口，以方便救援人员快速进入建筑展开灭火和救援，也可作为高层建筑人员逃生的出口。

二、消防救援场地

在高层建筑的消防登高面一侧，地面必须设置消防车道和供消防车停靠并进行灭火救援的作业场地，该场地就称为消防救援场地或消防车登高操作场地（图 1–25）。最小操作场地长度和宽度不宜小于 15 m × 10 m。对于建筑高度大于 50 m 的建筑，操作场地的长度和宽度分别不应小于 20 m 和 10 m。

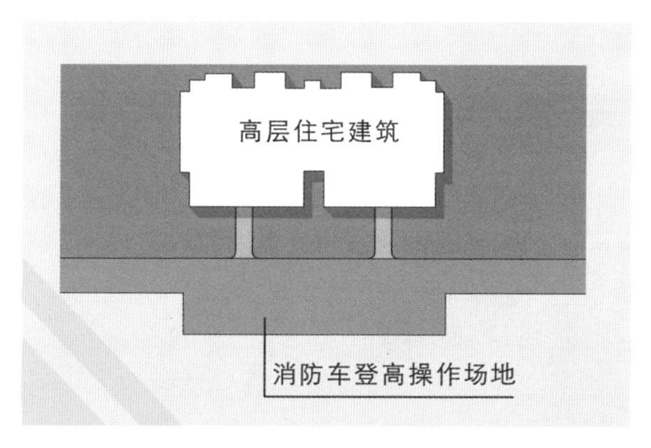

图 1–25　消防车登高操作场地

三、灭火救援窗

在高层建筑的消防登高面一侧外墙上设置的供消防人员快速进入建筑主体且便于识别的灭火救援窗口称为灭火救援窗或称为供消防救援人员进入的窗口，如图 1–26 所示。公共建筑的外墙应每层设置可供消防救援人员进入的窗口。间距不宜大于 20 m，且每个防火分区不应少于 2 个，设置位置应与消防车登高操作场地相对应。窗口的玻璃应易于破碎，并应设置可在室外识别的明显标志。

图 1–26　灭火救援窗

四、消防电梯

消防电梯有别于普通电梯，消防电梯是在建筑物发生火灾时供消防人员进行灭火与救援使用且具有一定功能的电梯。因此，消防电梯具有较高的防火要求，其防火设计十分重要，其内部装修都为不燃材料。符合消防电梯要求的客梯或货梯可兼作消防电梯，一般消防电梯具有前室或与防烟楼梯间合用的前室，在首层消防电梯的入口处应设供消防员操作的专用消防按钮。

注意：因为消防电梯具有供消防使用的特殊功能，火灾时，人员不能搭乘消防电梯逃生，由于普通电梯在火灾时可能造成断电的故障，也不能乘坐普通电梯逃生！

消防电梯宣传图如图 1–27 所示。

并不是所有的建筑都需设置消防电梯。在民用建筑中，建筑高度大于 33 m 的住宅建筑、高度大于 32 m 的高层公共建筑、5 层以上且总建筑面积大于 3000 m^2（包括设置在其他建筑内 5 层及以上）的老年人照料设施及地下半地下室需设消防电梯。

图 1–27 消防电梯宣传图

五、直升机停机坪

建筑高度大于 100 m 且标准层建筑面积大于 2000 m^2 的公共建筑，其屋顶宜设置直升机停机坪（图 1–28）或供直升机救助的设施。待救区设置不少于 2 个通向停机坪的出口，其门向疏散方向开启。停机坪四周设置航空障碍灯及应急照明，以保障夜间的起降。在停机坪的适当位置还需设置消火栓。

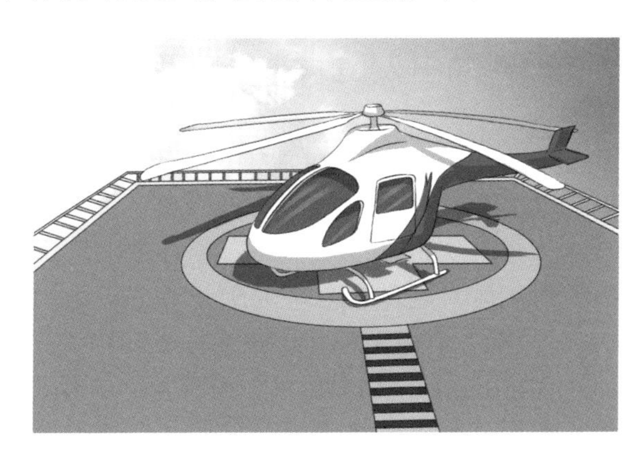

图 1–28 层顶直升机停机坪

第二章　住宅建筑消防防火知识

城镇居民家庭火灾在近几年的火灾统计中占有相当的比例，人员伤亡和经济损失都不容忽视。现代家庭陈设、装修日趋增多，用电、用火、用气不断改善，发生火灾的概率相应地增大。尤其是高层住宅火灾具有火势蔓延快、人员疏散困难、救援难度大等特点。由于高层住宅的结构功能较为复杂、人口密度高，一旦发生火灾，难以有效地控制火势和组织人员疏散，会造成巨大的人员伤亡和财产损失。例如：2010 年，吉林省长春市一座在建楼盘，32 层，高 96 m，9~19 层起火，造成 42 人受伤，财产损失约 600 万元。同年，上海市静安区一座 28 层、85 m 高的高层公寓发生火灾，造成 50 多人遇难，财产损失接近 5 亿元。2017 年，武汉市汉阳某小区电缆井失火，造成多人伤亡。同年 6 月，英国伦敦一座 24 层公寓发生火灾，伦敦消防局先后调集 45 辆消防车和 200 余名消防员到场扑救。这场火灾是二战以来英国死亡人数最多的一次火灾。

我国消防部门通报的中国高层建筑火灾的数据显示，全国拥有 8 层以上、超过 24 m 的高层建筑 34.7 万幢，百米以上超高层建筑 6000 多幢，数量均位居世界第一。但多数消防用举高车以及消防水枪喷射高度，最多只能达到 50 m 高。消防员如果负重爬楼超过 20 层，体力消耗无法有效开展救援行动。高层建筑一旦发生火灾，除利用内部消防设施外，没有其他更有效的灭火手段。然而统计显示，全国 23.5 万幢高层住宅建筑中，未设置自动消防设施的占到 46.2%，在一定程度上不利于疏散逃生。但是，规范要求，并不是所有的住宅建筑都需设自动消防设施。所以，要了解住宅建筑的防火措施，在火灾中尽量充分利用有利条件，提高逃生能力。

第一节 单、多层住宅防火

对于单、多层住宅，虽然火灾危险性不如高层住宅，但近年来由于违规加盖、租赁、用火、用电不慎引发过多起火灾。例如：发生在大理白族自治州某住宅违规租赁为三合一场所，锂电池充电不慎造成6人死亡。浙江省温州市一6层住宅楼发生火灾（图2-1），妈妈从6楼跳下抢救无效身亡，两个孩子在屋内因火灾而死亡；广州市一5层老旧住宅楼着火（图2-2），屋内的一男一女和一名儿童，因无路逃生，一度被明火逼到防盗网上，大人坐在防盗网上用身体为孩子挡火，其中女子当场伤重不治，男子和儿童则被送医院治疗。

图2-1 温州事故现场图

图 2-2　广州事故现场图

对于单、多层住宅，因为其体量小，相对高层住宅及其他公共建筑危险性较小，耐火等级可为三级及三级以上，可不设环形消防车道，根据其耐火极限，与其他民用建筑之间的防火间距在 6~14 m 之间。

关于安全疏散：建筑内的安全出口和疏散门的方向应分散布置。建筑的楼梯间宜通至屋面。火灾时不能通过电梯疏散。单、多层住宅建筑每个单元、每层应不少于 2 个安全出口，如果每个单元任一层的建筑面积较小，或任一户门至最近安全出口的距离较少时，每个单元每层的安全出口可为 1 个。单、多层住宅建筑一般为敞开楼梯间，部分高度大于 21 m 且小于或等于 27 m 的单、多层住宅建筑设成封闭楼梯，但当住户门为乙级防火门时，则可设成敞开楼梯。火灾中，单、多层住宅建筑中的敞开楼梯间不能作为安全区域。单、多层住宅建筑中的疏散照明系统未作要求，所以，多数老旧的单、多层住宅建筑未设置疏散照明系统。

所以关于建筑装修：单、多层住宅的顶棚、墙面、地面、隔断都要采用燃烧性能为不低于 B_1 级的装修材料，而固定家具、装饰织物及其他装修材料要采用燃烧性能不低于 B_2 级的装修材料。

除此之外，住宅建筑装修设计尚应符合下列规定：不应改动住宅内部烟道、风道。厨房内的固定橱柜宜采用不低于 B_1 级的装修材料。卫生间顶棚宜采用 A 级装修材料。阳台装修宜采用不低于 B_1 级的装修材料。

关于单、多层住宅的外墙保温系统：如采用内保温系统的外墙，应采用低烟、低毒且燃烧性能不低于 B_1 级的保温材料。如采用外保温系统的外墙，如每层设防火隔离带，且外墙上的门窗耐火完整性符合相关规范要求，可采用 B_2 级及以上的保温材料。

关于单、多层住宅消防设施的设置：应沿可通行消防车的街道设置市政消火栓系统，并配置室外消火栓系统，居住区人数不超过 500 人且建筑层数不超过两层的居住区，可不设置室外消火栓系统。建筑高度不大于 27 m 的单、多层住宅建筑，设置室内消火栓系统确有困难时，可只设置干式消防竖管和不带消火栓箱的 DN65 的室内消火栓。当住宅楼每层的公共部位建筑面积超过 100 m^2 时，应配置 1 具 1A（A 类火灾场所单具灭火器最小配置灭火级别）的手提式灭火器；每增加 100 m^2 时，增配 1 具 1A 的手提式灭火器。该类建筑无设置自动灭火系统的要求。所以，单、多层住宅建筑发生火灾时可利用消防设施为室、内外消火栓系统和配置的手提式灭火器。

第二节　高层住宅防火

高层住宅的火灾危险性相对于单、多层住宅要大得多，其耐火等级应为二级以上，对于高层住宅的周围应设置环形消防车道，确有困难时，可沿建筑的两个长边设置消防车道，也可沿建筑的一个长边设置消防车道，但该长边所在建筑立面应为消防车登高操作面。在高层住宅的消防登高面一侧，地面设置消防车道和具有一定面积的供消防车停靠并进行灭火救援的消防车登高操作场地。根据其耐火极限，高层住宅与其他民用建筑的防火间距为 9~13 m。

关于安全疏散：建筑内的安全出口和疏散门应分散布置。建筑的楼梯间宜通至屋面。火灾时不能通过电梯疏散。高层住宅每个单元、每层应不少于 2 个安全出口，如果建筑高度大于 27 m、不大于 54 m，当每个单元任一层的建筑面积较小，或任一户门至最近安全出口的距离较小时，每个单元每层的安全出口可为 1 个；建筑高度大于 27 m，但不大于 54 m 的高层住宅建筑，每个单元设置一个疏散楼梯时，疏散楼梯应通至屋面，且单元之间的疏散楼梯应能通过屋面连通，户门应采用乙级防火门。当不能通至屋面或不能通过屋面连通时，应设置 2 个安全出口。高度大于或等于 27 m 且小于 33 m 的高层住宅建筑需设封闭楼梯间，但当户门为乙级防火门时，可设成敞开楼梯；建筑高度大于 33 m 的高层住宅建筑需设防烟楼梯间。封闭楼梯间和防烟楼梯间的门都应为防火门，平时处于常闭的状态。如不处于常闭状态，火灾时，烟气会迅速由房间扩散至相对安全的且上下贯通的楼梯间，形成烟囱效应，自下而上迅速蔓延，切断人员逃生路线。

建筑高度大于 54 m 的住宅建筑（即 18 层左右的住宅建筑），每户应有一间房间符合下列规定：应靠外墙设置，并应设置可开启外窗；内、外墙体的耐火极限不应低于 1.00 h，该房间的门宜采用乙级防火门，外窗的耐火完整性不宜低于 1.00 h。火灾时，如果火势较大，可躲入此类房间，关好房门，堵住门缝，在窗边呼救等待救援。

建筑高度大于 100 m 的住宅建筑应设置避难层，两个避难层之间的高度不宜大于 50 m。通向避难层的疏散楼梯应在避难层分隔、同层错位或上下层断开。避难间内不会设置易燃、可燃液体或气体管道，不会开设除外窗、疏散门之外的其他开口。避难层会设置消防电梯出口。设置消火栓、消防软管卷盘、消防专线电话和应急广播。在避难层进入楼梯间的入口处和疏散楼梯通向避难层（间）的出口处，会设置明显的指示标志。避难层设置直接

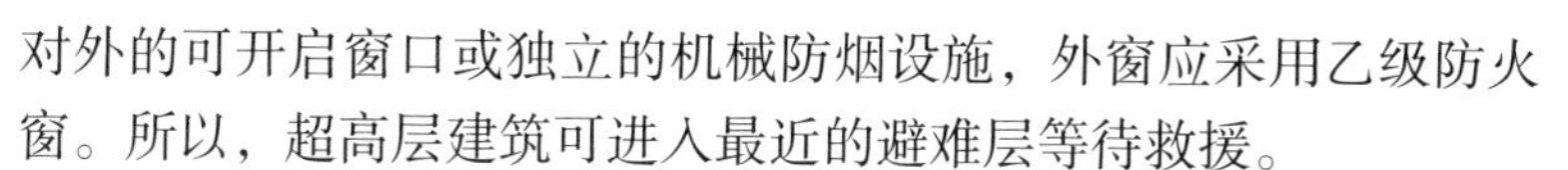

对外的可开启窗口或独立的机械防烟设施，外窗应采用乙级防火窗。所以，超高层建筑可进入最近的避难层等待救援。

高层住宅建筑的封闭楼梯间、防烟楼梯间及其前室、消防电梯间的前室或合用前室、避难层内要设置疏散照明，其设置在安全出口和疏散门的正上方，设置在疏散走道及其转角处距地面高度 1.0 m 以下的墙面或地面上。火灾时，要根据具体情况沿疏散指示标志疏散。

关于建筑装修：高层住宅建筑其顶棚应为 A 级材料，墙面、地面、隔断、装饰织物中的窗帘、床罩及其他装修材料都要采用燃烧性能为不低于 B_1 级的装修材料，而固定家具、装饰织物中的家具包布要采用燃烧性能不低于 B_2 级的装修材料。除此之外，住宅建筑装修设计尚应符合下列规定：不应改动住宅内部烟道、风道。厨房内的固定橱柜宜采用不低于 B_1 级的装修材料。卫生间顶棚宜采用 A 级装修材料。阳台装修宜采用不低于 B_1 级的装修材料。

关于高层住宅的外墙保温系统：如采用内保温系统的外墙，应采用低烟、低毒且燃烧性能不低于 B_1 级的保温材料。如采用外保温系统的外墙，当建筑高度大于 100 m 时，应采用 A 级保温材料；当建筑高度大于 27 m 且小于或等于 100 m，每层设防火隔离带，且外墙上的门窗耐火完整性符合相关规范要求，可采用 B_1 级及以上的保温材料。

关于高层住宅消防设施的配置：应沿可通行消防车的街道设置市政消火栓系统，并配置室外消火栓系统，高层住宅应设室内消火栓系统，建筑的户内宜配置轻便消防水龙。建筑高度大于 100 m 的住宅建筑应设自动灭火系统，且宜设自动喷水灭火系统。

关于火灾自动报警系统的设置要求：建筑高度大于 100 m 的超高层住宅建筑，应设置火灾自动报警系统。建筑高度大于 54 m 但不大于 100 m 的高层住宅建筑，其公共部位应设置火灾自动报警系统，套内宜设置火灾探测器。建筑高度不大于 54 m 的高层住宅建筑，其公共部位宜设置火灾自动报警系统。当设置需联动控制的消防设施时，公共部位应设置火灾自动报警系统。高层住宅建筑的公共部位应设置具有语音功能的火灾声警报装置或应急广播。

高层住宅的下列场所或部位设置防烟设施：防烟楼梯间及其前室，消防电梯间前室或合用前室。火灾时，高层建筑的防烟设施会联动火灾自动报警系统启动，使疏散走道、前室及防烟楼梯间形成具有一定压差的正压送风的模式，人员可沿新鲜风流方向由疏散走道到前室再到楼梯间疏散。

关于灭火器的配置：当住宅楼每层的公共部位建筑面积超过 100 m^2 时，应配置 1 具 1A（A 类火灾场所单具灭火器最小配置灭火级别）的手提式灭火器；每增加 100 m^2 时，增配 1 具 1A 的手提式灭火器。

除此之外，不管是高层住宅还是单、多层住宅都可在家庭里设置灭火器，灭火毯，自吸过滤式防毒防烟面具，消防应急灯，独立式的感温、感烟和可燃气体探测器等消防设施。

住宅建筑内发生火灾时，处于房间内的你一定不要惊慌，认清烟气为建筑火灾内的头号杀手，所谓小火快逃，大火关门，不要盲目跳楼，要根据现场实际情况，作出判断，选择正确的逃生路线。

第三章　公共建筑消防防火知识

第一节　公共建筑

公共建筑是指供人们进行各种公共活动的建筑，如图 3-1 所示。一般包括办公建筑、商业建筑、旅游建筑、科教文卫建筑、通信建筑、交通运输类建筑等。由于此类场所涉及人员数量较

图 3-1　各类公共建筑

多，医院、幼儿园、老年公寓等场所特殊人员分布较为集中，因此，紧急情况下的人员疏散问题较为严峻。人员疏散分正常疏散和紧急疏散两种情况，正常疏散又可分为连续的（如商店）、集中的（如剧场）和兼有的（如展览馆），而紧急疏散都是集中的。公共建筑的人员疏散要求通畅，要考虑枢纽处的缓冲地带的设置，必要时可适当分散，以防过度的拥挤。

第二节　高层公共建筑防火

随着经济的发展，城市人口密集，土地昂贵，大型高层建筑（图 3-2）越来越多，其功能多样，交通路线错综复杂，一旦发生火灾事故，给人员疏散带来了很大的困难，容易造成重大的经济损失和人员伤亡事故。

《建筑设计防火规范》（GB 50016—2014，2018 年版）规定，对于除住宅外的其他民用建筑（包括宿舍、公寓、公共建筑）以及厂房、仓库等工业建筑，高层建筑与单、多层建筑的划分标准是 24 m。医疗建筑、重要公共建筑、独立建造的老年人照料设施都属于高层公共建筑，但对于有些单层建筑，如体育馆、高大的单层厂房等，由于具有相对方便的疏散和扑救条件，虽然建筑高度大于 24 m，仍不划分为高层建筑。对于高层公共建筑，《建筑设计防火规范》（GB 50016—2014，2018 年版）中关于消防设施有更严格的规定，以保证在火灾条件下，人们的生命财产安全。

图 3–2　大型高层建筑

一、高层建筑走廊

一些高级宾馆，写字楼，多功能建筑和其他建筑，楼梯、升降梯以及各种服务设施、建筑装饰都在建设规划的核心部分，而走廊则是发生火灾后，人们首先集中到达的地方，因此，走廊应能快速通向安全疏散通道，走廊呈圆环状或是双通道，如图 3–3 所示。采用这两种方法的高层建筑在不断地增长，这两种疏散走廊各有千秋，其最大的优势在于无论在哪里隔断人行走廊，人们都可以快速成功地撤离到其他安全的地方，为人们能够安全疏散提供切实有效的保障。因此，在对高层建筑走廊设计时，应根据建筑的结构规划图纸，采用快速、方便的疏散走廊。

图 3-3　圆环状走廊

二、高层建筑疏散通道

高层建筑因为楼层很高、层数很多，在对其安全设计时需要着重关注。正常时候，人们上下楼主要搭乘扶梯或是电梯这两个垂直传输通道（图 3-4）。突发事件发生时，往往由于电梯电力中断，楼梯成为主要疏散通道，因此安全疏散楼梯必须安全可靠，安全疏散通道应符合安全距离的设计。

为了避免人员因为紧张慌乱走错方向，耽搁撤离时间，造成不必要的人员伤亡，高层建筑楼梯应直上直下，一层要有直达室外的出口（图 3-5）。

高层建筑首层的防火隔墙耐火极限至少为 2.00 h，倘若在隔墙处设立出口，需要采用乙级防火门，如图 3-6 所示。

通往地下室的楼梯不能与地上楼梯共用，应单独在首层与地下室之间设立乙级防火门。这样一来，既可以防止人员在惊慌失措的情况下进入地下室而不能逃脱的情况，也可以防止起火点在地下室而迅速蔓延至整个建筑的情况。

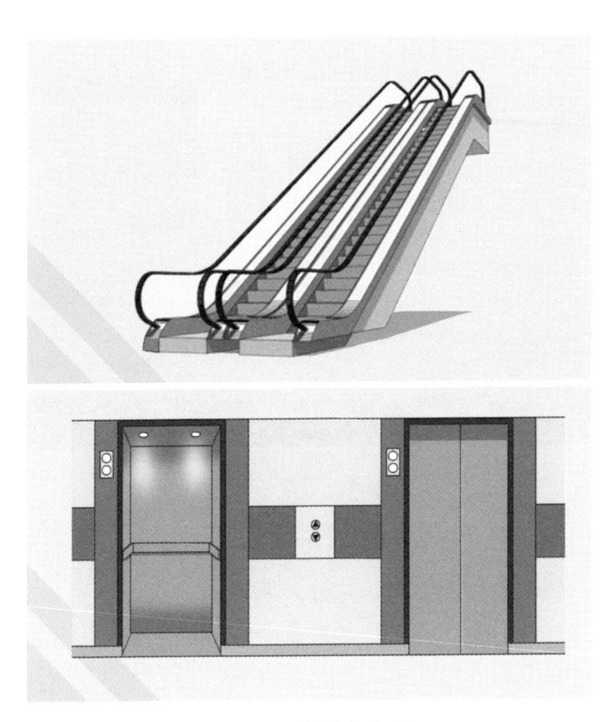

图 3-4　扶梯和电梯

图 3-5　直通室外的出口

图 3-6 防火门

高层建筑楼层很多，层间距离较大，发生火灾时楼层内充满烟雾。当较低楼层发生火灾时，烟气向上蔓延迅速，很容易堵住下层的疏散通道，这时很多人员会选择向上逃生。倘若疏散楼梯直达屋顶平台，人们可以借助直升机、绳索等工具进行逃离疏散，而且直达屋顶的楼梯至少有两个互为备用。

防烟楼梯间因进口的地方有前室，而且配备有阻隔和消散烟的设施或配备有用以消散烟的凹廊和阳台等，因此阻隔烟气效果最好。阻截烟火成效比防烟楼梯间稍差的是封闭楼梯间。楼梯间只有三面设有墙壁，空的一面是通向楼道和屋室的，发生火灾时通常会在这里引发火情的扩大。所以，防烟楼梯间适合布设在一类及高于 33 m 的二类高层公共建筑中。封闭楼梯间适合布设在高度小于 33 m 的二类高层公共建筑中。但是高层公共建筑都设防烟楼梯间或封闭楼梯间，建设成本会加大，并且楼层一般都采用高质量的防火分隔，楼层住户又熟悉紧急撤离路径，所以可以因地制宜、灵活运用。譬如敞开楼梯间可以设在 12 层及 12 层以下的楼层，但同时其防火门应该使用耐火极限至少为 0.80 h，封闭楼梯间应该设置在 13～19 层，防烟楼梯间应布设在 20 层及以

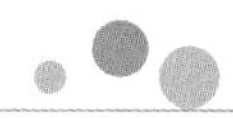

上。不同楼梯间类型如图 3–7 所示。

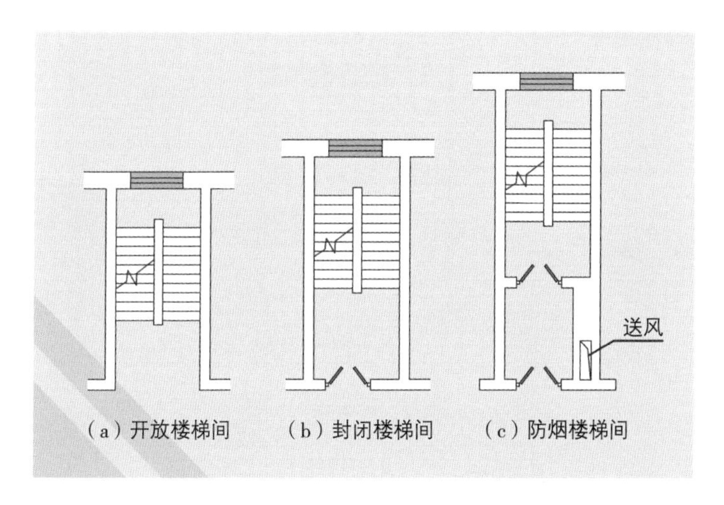

图 3–7　不同楼梯间类型示意图

三、高层建筑避难场所

避难间、避难层等措施是高层公共建筑必不可少的安全保障场所。此类设施已经在国内外各大城市中成功使用过，高层建筑内人员集中度很高，一般有庇护所和避难层的高层建筑在突发灾难来临时会起到关键作用。目前，我国对于 100 m 及以上的建筑要求安装避难场所，需要满足的条件如下：

（1）从一层到首个避难层之间不大于 50 m，相邻两个避难层之间也不宜多于 50 m（图 3–8）。

（2）通风作用的竖井需要在避难层进行隔断、封闭，避免烟雾进入避难层造成二次伤害。

（3）避难层内应提供齐全的消防措施和简易的医疗设备，如消防进出通道、消防专线电话、防火设施、应急照明措施等。

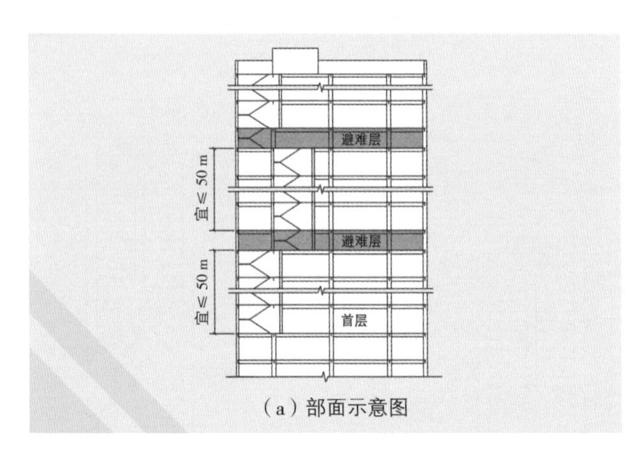

（a）部面示意图

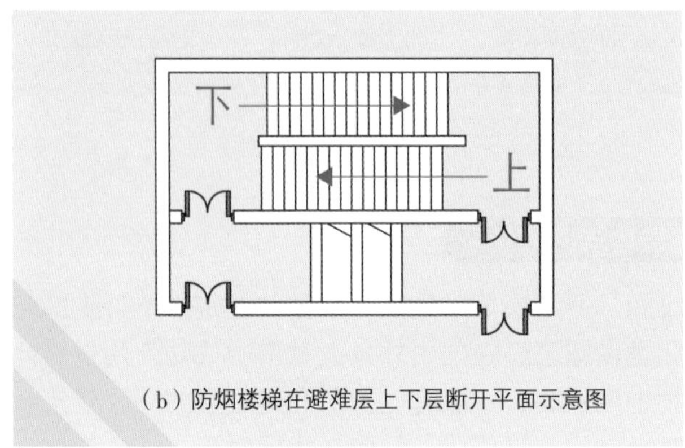

（b）防烟楼梯在避难层上下层断开平面示意图

图 3-8 避难层示意图

第三节 歌舞娱乐等公共聚集场所防火

《建筑设计防火规范》（GB 50016—2014，2018 年版）、《建筑内部装修设计防火规范》（GB 50222—2017）、《人民防空工程设计防火规范》（GB 50098—2009）等国家标准对歌舞娱乐公众聚集场所的技术标准有以下规定：

（1）在选址布局上，公众娱乐场所应独立设置，特别是不能设在古建筑、博物馆、图书馆等重要建筑内，当与其他建筑毗邻时，必须按规范做好防火分隔，尽可能不在地下建筑内设公众娱乐场所，必须设置时，应满足规范规定要求。

（2）在耐火等级上，公众娱乐场所耐火等级不应低于二级，内装修应严格执行《建筑内部装修设计防火规范》（GB 50222—2017）规定，采用难燃、非燃材料，禁止采用易燃、可燃及燃烧时能产生有毒气体的材料。

（3）在电气上，公众娱乐场所的电气设备必须严格按国家有关电气设计和施工安全验收标准规定，预留用电负荷，不乱拉乱接电线，并定期进行检查，对线路老化、接触不良、绝缘性差的线路应及时维修更换。

（4）在安全疏散上，公众娱乐场所的出入口数量不得少于2个，并应保持通畅。其疏散宽度指标不得小于规范标准，严禁采用转门、侧拉门、卷帘等妨碍紧急疏散的设施。应按规范要求设置事故照明及灯光疏散指示标志，并应保持完整好用。

（5）在消防设施及安全管理上，公众娱乐场所应严格按规范标准配齐有关自动报警、自动灭火装置或相应的灭火器材及消防给水设施。

第四节 幼儿园等儿童用房防火

托儿所、幼儿园是集中培养教育儿童的主要场所。其特点是孩子年龄小，遇紧急情况时，应变、自我保护和迅速撤离的能力有限；装饰、设备和孩子的玩具以易燃、可燃物居多；并有电视机、电风扇、电冰箱等用电设备。如忽视消防安全，一旦发生火灾事故，疏散困难，很可能造成伤亡。2001年6月5日0时15分左右，江西省广播电视艺术幼儿园小（6）班一间寝室因点燃的蚊香引燃被絮发生火灾，造成13名平均年龄4岁的幼儿死亡。

惨痛的教训告诉我们，消防安全教育要从娃娃抓起，幼儿园应结合幼儿的特点，寓教于乐，将消防知识从幼儿开始逐步普及，全面提高幼儿的消防意识和自我保障能力。

一、存在的问题

1. 设园标准不一，消防基础设施差

因公办幼儿园教育资源短缺，教育部门鼓励个人承办幼儿园，而这些幼儿园在选址上的不规范，造成了先天性火灾隐患的出现，在某种程度上也加大了消防监管的难度。很多民办的幼儿园都开设在居民楼里，特别是乡镇幼儿园，大都是租住在民房下的商铺，而民房大都只有一个疏散楼梯，这样的教学场所已不具备消防疏散的条件。

2. 室内消火栓、灭火器材等消防基础设施配备不足

现阶段各类幼儿园修建年代不齐，有的建于20世纪五六十年代。由于当时的历史环境没有对消防设施作专门的具体规定，后来虽然添补了部分消防设施，但因使用年代过久，现在又没有可更换的部件导致消防无法投入使用，基本处于瘫痪状态；因管理不善而导致灭火器材无法使用的问题也不容忽视，或者由于学校经费紧张，消防设施的配备不到位，然而随着幼儿园用火、用电等各方面的火灾危险性日益增大，当前幼儿园的消防安全设施越来越不适应防火灭火的需要，消防设施亟待解决。

3. 园区内存在易燃物品

由于幼儿园的特殊性，很多室内装修和使用的物品都是易燃物，如幼儿的玩具、被褥、学习用品、室内的手工装饰、铺设的地毯等。这些易燃物品加大了火灾的荷载能力，增大了火灾危险性。

4. 人员密集、疏散不利

幼儿园是一个典型的人员密集场所，加之幼儿年纪偏小，自我识别能力及认知水平比较低，在面对突发火灾时，自救能力差，如果没有人员的正确引导疏散，在疏散过程中导致的疏散通道不畅，而造成严重后果。

5. 工作人员消防安全意识淡薄

大多数人都认为只有 KTV、网吧、厂房、商场、集贸市场等场所才会发生火灾，幼儿园无易燃易爆物质，用火用电量少，不易发生火灾，似乎自己远离火灾，消防安全意识差。很多教师本身就缺乏消防知识的培训，对于灭火器及逃生工具的使用尚不了解，以及发生火灾如何疏散和逃生尚不清楚；幼儿园的负责人对于安全消防工作的重要性认识不到位，消防监督工作落实不明确，没有组织实际的消防安全演练，对于幼儿没有进行系统的消防安全教育，成为幼儿园消防工作的硬伤。

幼儿园应结合自身的实际和特点，制定自己的管理方法。幼儿园为多层建筑时，应将年龄较大的孩子安置在楼上，年龄较小的孩子安置在首层。幼儿园应将消防教育列入日常学习教育的范围，定期组织在校孩子前往当地消防培训基地学习自救知识。

二、幼儿园的消防安全对策

幼儿园建筑面积小，功能室少，在建筑防火设计上不容易引起人们的重视，会造成许多先天性的火灾隐患，因此，把好建筑防火设计关，完善幼儿园建筑防火设计是做好幼儿园消防安全工作的尤为重要的一个环节。

1. 幼儿园选址要安全

首先，工矿企业所设的幼儿园应布置在生活区，远离生产

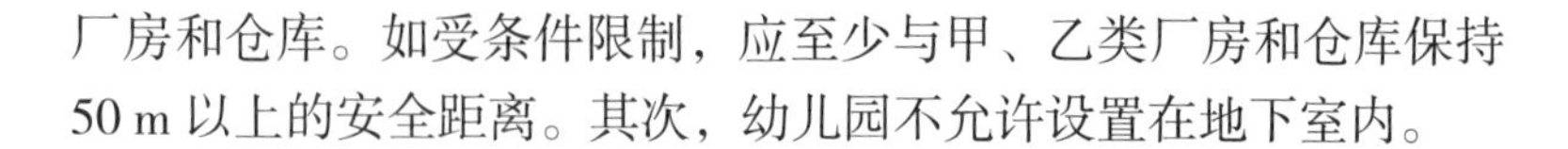

厂房和仓库。如受条件限制，应至少与甲、乙类厂房和仓库保持50 m以上的安全距离。其次，幼儿园不允许设置在地下室内。

2. 严格建筑耐火等级设计

幼儿园一般宜单独建造，设置在独立的建筑内，耐火等级不应低于三级。如设置在其他民用建筑内时，最好布置在底层；若必须布置在除地下室外的其他楼层时，三级耐火等级建筑不应超过2层，一、二级耐火等级建筑不应超过3层。由于周围场所发生火灾可能影响到幼儿园，因此应保持幼儿园场所的独立性，附设在建筑中的幼儿园应采用耐火极限不低于2.00 h的不燃烧体墙和不低于1.00 h的楼板与其他场所或部位隔开，当墙上必须开门时应设置乙级防火门。

3. 严格疏散设计，保证疏散安全

火灾发生时，人员能够安全疏散是前提，由于幼儿园的孩子年龄小，自救逃生能力差，因此幼儿园的安全疏散设计应有别于普通民用建筑。首先，幼儿园的安全疏散出口不应少于2个。疏散门不应采用吊门和拉门，严禁采用转门，疏散门应为向疏散方向开启的平开门。疏散楼梯间内宜自然采光，不应附设烧水间、可燃物的储藏室、非封闭式的电梯井、可燃气体管道井等。其次，幼儿园不应采用螺旋楼梯和扇形踏步。

4. 严格电气设计，有效防范火灾

幼儿园的配电线路应符合电气安装规程的要求。闷顶内有可燃物时，应采取隔热、散热等防火措施。日光灯（包括镇流器）和超过60 W的白炽灯，不应直接安装在可燃构件上。白炽灯与可燃物的距离应不小于0.5 m。电源开关、电闸、插座等距离地面不应小于1.3 m，灯头距离地面一般不小于2 m，防止碰坏或儿童触摸而发生触电事故。幼儿园不准使用落地灯和台灯照明，灯

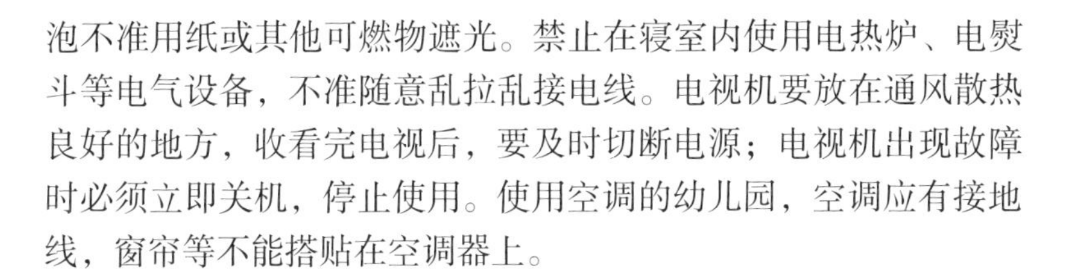

泡不准用纸或其他可燃物遮光。禁止在寝室内使用电热炉、电熨斗等电气设备，不准随意乱拉乱接电线。电视机要放在通风散热良好的地方，收看完电视后，要及时切断电源；电视机出现故障时必须立即关机，停止使用。使用空调的幼儿园，空调应有接地线，窗帘等不能搭贴在空调器上。

5. 装修材料应符合要求

幼儿园内部装修宜采用不燃或难燃材料，限制使用多孔和泡沫塑料制品。建筑内部装修不应遮挡消防设施、疏散指示标志及安全出口，并不应妨碍消防设施和疏散走道的正常使用。建筑内部消火栓的门不应被装饰物遮掩，消火栓门四周的装修材料颜色应与消火栓门的颜色有明显区别。建筑内部装修不应减少安全出口、疏散出口和疏散走道的设计所需的净宽度和数量。

6. 消防设施要完善

幼儿园应按有关规定配置消防器材，并定期进行检查、更换、保养，对消防器材的数量、性能、类型、完好情况逐一进行登记造册，建立消防器材档案，指定专人管理，以防丢失、损坏。任一楼层建筑面积大于 1500 m^2 或总建筑面积大于 3000 m^2 的幼儿园建筑应安装火灾自动报警系统和自动喷水灭火系统。幼儿园建筑中长度大于 20 m 的内走道应设排烟设施。

第五节　公共建筑火灾案例分析

近年来，我国公共聚集场所的火灾形势一直十分严峻。2000 年 12 月 25 日，河南省洛阳市东都商厦发生特大火灾事故，造成 309 人死亡，7 人受伤，直接财产损失 275 万元。2013 年 6 月 3 日，位于吉林省长春市德惠市的吉林宝源丰禽业有限公司主厂房发生特别重大火灾爆炸事故，共造成 121 人死亡，76 人受伤，直接经济损失 1.82 亿元。2017 年 2 月 5 日，浙江省天台县足馨堂足浴中心发生火灾，造成 18 人死亡，18 人受伤。2018 年 4 月 24 日，广东省清远市英德市茶园路 KTV 发生火灾，共造成 18 人死亡，5 人受伤。一系列重特大公共聚集场所火灾发生后，人们不禁反思，为什么会发生这些火灾事故？发生事故后，为什么会造成这么严重的后果？下面，以 2010 年 8 月 28 日沈阳万达售楼处火灾为例，分析一下火灾发生初期火势的发展及人们的反应。

从火灾发生时的监控录像中可以看出，14 时 48 分 37 秒，有人发现从售楼处沙盘处冒烟，但没有人用放置在墙边的灭火器灭火。

14 时 51 分 33 秒，发现火情 3 min 后，大量浓烟出现，一层人员缓慢撤离，并在门口观望。

14 分 51 分 47 秒，二层财务人员得到通知撤离，但两侧楼梯都被浓烟笼罩，从发现火情到现在 3.5 min 的时间里，已经丧失了最佳的逃生时间，这时人们返回屋内，救援人员到达后，发现二层被困人员所在房间的施救面为封闭的玻璃幕墙，破拆极为困难，最终导致 12 人死亡，9 人受伤。

从这起案例可以看出，人们在发现火情后的处理措施及逃生意识还需要进一步加强，对于公共建筑的防火安全要求需要进一步了解，下面就高层公共建筑、歌舞娱乐等公共聚集场所、幼儿园等儿童用房等几类场所的消防安全要求加以说明。

第四章　其他典型场所

第一节　地　　铁

近年来，地铁建设得到快速发展，凭借其快速、准时、安全、舒适、运量大等优点，在城市交通运输中起着重要作用。但由于地铁车站和地铁列车是人员密集的公共聚集场所，因此一旦发生火灾、毒气等事故，人员安全及疏散问题将非常严峻，社会影响力也非常巨大。

一、地铁建筑结构特点

1. 建设标准要求高

地铁车站由站台层、站厅层、设备层、出入口及风亭组成，是建成后不允许大规模维修和中断的重要建（构）筑物，其重要性决定了主体结构及内部主要构件使用年限为100年，安全等级为一级。这就对结构的抗震、防护、防水、防火、防腐蚀等提出了较高的要求，并需同时满足结构强度、刚度、稳定性和耐久性的要求。

2. 周边环境复杂

地铁的功能定位导致所选择的路线及站位基本处于目前繁华地区和规划的城市人口密集地区，周边环境高度复杂。周边环

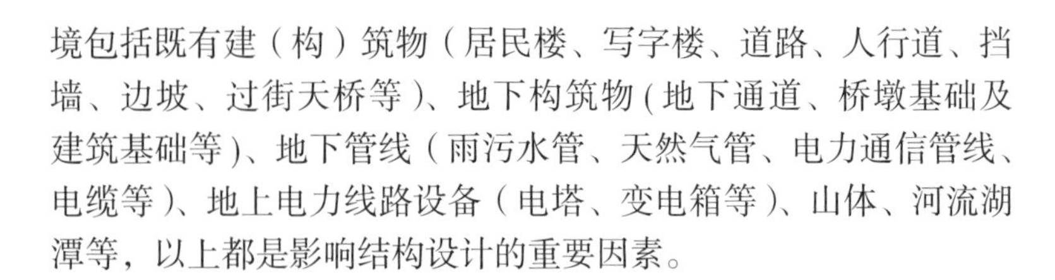

境包括既有建（构）筑物（居民楼、写字楼、道路、人行道、挡墙、边坡、过街天桥等）、地下构筑物(地下通道、桥墩基础及建筑基础等)、地下管线（雨污水管、天然气管、电力通信管线、电缆等)、地上电力线路设备（电塔、变电箱等)、山体、河流湖潭等，以上都是影响结构设计的重要因素。

3. 水文地质条件复杂，地域性明显

地铁车站一般为地下工程，受水文地质条件影响较大，而我国幅员辽阔，各地域水文地质条件差异极大。因此，车站结构设计需与人防、地勘和地质等各专业协调配合，在规划、线路、建筑等方案基本稳定后开展设计工作。

二、地铁的疏散、逃生设施

1. 手动报警按钮

发现火情应先及时报警，按动地铁列车车厢内的紧急报警按钮。在两节车厢连接处，均贴有红底黄字的“报警开关”标志，箭头指向位置即是紧急报警按钮所在的位置。另外，在地下区间纵向疏散平台的侧壁及车站内的消火栓箱旁，通常也会设置手动报警按钮（图 4–1）。

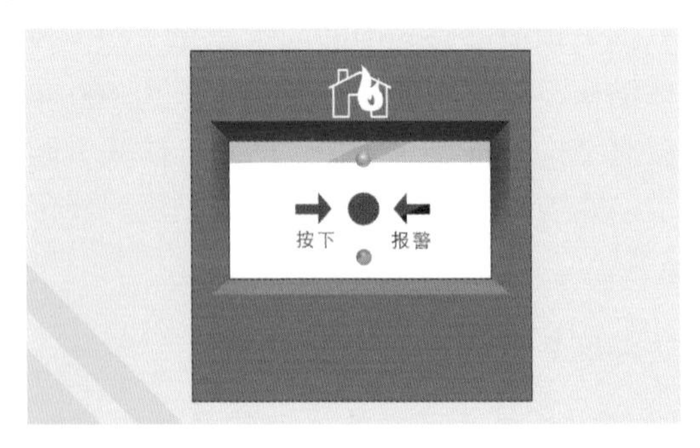

图 4–1　手动报警按钮

2. 灭火器和室内消火栓

利用灭火器或室内消火栓灭火自救，寻找附近的灭火器材进行灭火，力求把初起之火控制在最小范围内，并采取一切可能的措施将其扑灭。地铁列车内灭火器位于每节车厢两个内侧车门的中间座位之下，上面贴有“灭火器”标志。乘客旋转拉手 90°，开门就可以取出灭火器。室内消火栓位于车站的站厅层、站台层、设备层、地下区间及长度大于 30 m 的人行通道等处。

3. 火灾时兼作疏散用的自动扶梯

为方便乘客，在地铁车站内的上、下行方向均设置自动扶梯的情况比较普遍。在火灾时，地铁车站内的人员疏散方向比较单一，均是从站台向站厅或室外安全地点、站厅至室外安全地点进行疏散。地铁车站的自动扶梯与疏散楼梯是成组布置的（图 4–2），在火灾时，其出入口部均不会被封闭，因此可以利用这些自动扶梯来提高车站的疏散能力。但自动扶梯毕竟要依靠电力和机械传动来保证其运行，因此将自动扶梯用于疏散时需要满足一

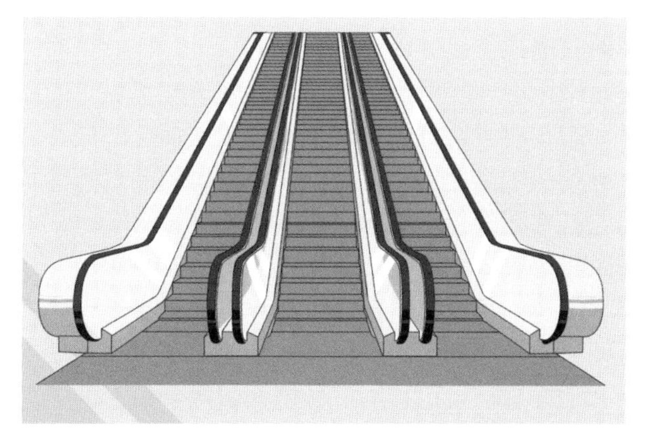

图 4–2　地铁车站的自动扶梯

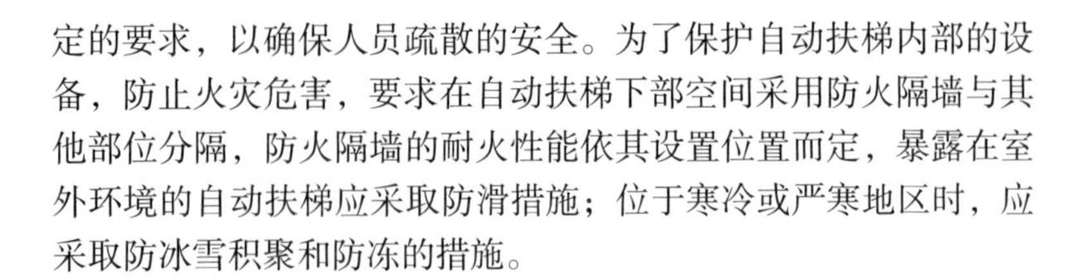
定的要求，以确保人员疏散的安全。为了保护自动扶梯内部的设备，防止火灾危害，要求在自动扶梯下部空间采用防火隔墙与其他部位分隔，防火隔墙的耐火性能依其设置位置而定，暴露在室外环境的自动扶梯应采取防滑措施；位于寒冷或严寒地区时，应采取防冰雪积聚和防冻的措施。

4. 区间纵向疏散平台

纵向疏散平台的设置会加快人员的疏散速度，提高疏散过程中人员的安全性。平台面标高要低于列车的地板面，使得人员从列车下到疏散平台时不会发生意外。当联络通道低于纵向疏散平台时，平台纵向要采用坡道与联络通道相接，使平台上的乘客疏散连续，不会被绊倒。

5. 疏散指示标志

站台和站厅公共区、人行楼梯及其转角处、自动扶梯、疏散通道及其转角处、防烟楼梯间、消防专用通道、安全出口、避难走道、设备管理区内的走道和变电所的疏散通道等，均应设置电光源型疏散指示标志（图 4–3）。低位设置的疏散指示标志只能指示前面的疏散人员，难以指示后方的人员，即使目前一些城市在地铁车站增设地面疏散标志，但仍存在一些不足，因此在这些疏散指示标志相对应位置的吊顶下，低于储烟仓的位置会增设指示标志，避免被烟雾遮挡。在每个联络通道的洞口上部垂直于洞口处两面均有常亮的指示标志，有利于乘客在火灾时从着火区间向非着火区间疏散。

除了上述内容，在紧急逃生过程中，如果地上区间是开敞的室外区间，站台通向区间纵向疏散的出口可以作为安全出口。由于站台必须设置站台门，因此从区间疏散到站台的端门要能够双向开启。只要是用于地下或部分地下区间运营的列车，在列车头、尾节都会设置疏散门，并具备在各节车厢之间贯通的条件，

以实现列车发生火灾无法牵引到邻近车站时供乘客疏散。

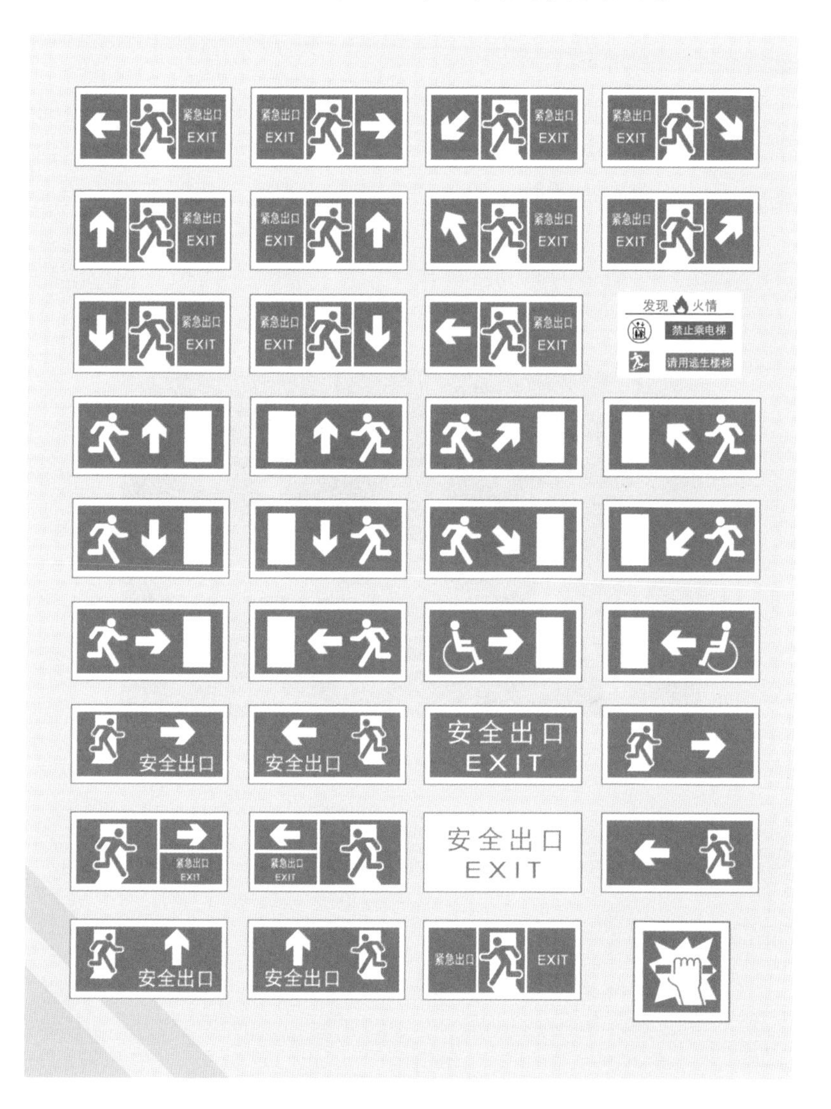

图 4-3　疏散指示标志

第二节　城市交通隧道

城市交通隧道（图 4–4）有特殊的设置环境，对发生火灾时的人员逃生和灭火救援是一个严重的挑战，而且火灾在短时间内就能对隧道设施造成很大的破坏。有限的逃生和救援条件，要求对隧道采取与地面建筑不同的防火措施。而城市交通隧道由于其在特定城市交通中占有的重要作用，使得此类场所也有相应的防灭火实施，在发生事故后，辅助人员逃生疏散，减小事故损失。

图 4–4　城市交通隧道

一、城市交通隧道结构及火灾特点

1. 交通量大

交通量和隧道长度是影响隧道火灾频率的主要参数，而城市地下交通隧道火灾事故频率比常规隧道高出 3~7 倍。

2. 主隧道呈环形

该结构特点增加了火灾时隧道内烟气控制的难度。

火灾时，与地下车库相连接的出入口会通过防火卷帘分隔。与地面道路相连接的出入口将成为天然的排烟口或补风口，从而导致隧道内烟气流动更复杂，火灾危险性更大。

4. 断面狭小

断面高度一般在 2.8~3.5 m 之间。火灾时，受隧道净空高度的限制，烟气很快沿水平方向流动，并在隧道横断面内沉降，威胁人员的安全疏散。

5. 消防救援困难

地面人员很难准确了解隧道内火灾的位置和发展状况，而且外部救援人员和设备很难进入隧道进行扑救。

6. 火源位置随机

由于隧道内的车辆处于运动状态，所以发生火灾的位置不固定，可能发生在通道内的任何位置。

单孔和双孔隧道应按其封闭段长度和交通情况分为一、二、三、四类，并应符合表 4–1 的规定。

表 4–1 隧道分类

用途	一类	二类	三类	四类
	隧道封闭段长度 L/m			
可通行危险化学品等机动车	$L>1500$	$500<L\leqslant 1500$	$L\leqslant 500$	—
仅限通行非危险化学品等机动车	$L>3000$	$1500<L\leqslant 300$	$500<L\leqslant 1500$	$L\leqslant 500$
仅限人行或通行非机动车	—	—	$L>1500$	$L\leqslant 1500$

二、城市交通隧道避难、逃生设施

避难设施不仅可为逃生人员提供保护，还可用作消防员暂时躲避烟雾和热气的场所。

1. 疏散通道的设置

在中、长隧道设计中，设置人员的安全避难场所是一项重要内容。对于较长的单孔隧道和水底隧道，可设置人行疏散通道、人行横通道、直通室外的疏散出口、独立的避难场所、路面下的专用疏散通道等。

在双孔隧道设计中，可以采用多种逃生避难形式，如横通道、地下管廊、疏散专用道等。采用人行横通道和人行疏散通道进行疏散与逃生，是目前隧道中应用较为普遍的形式。人行横通道是垂直于两孔隧道长度方向设置、连接相邻两孔隧道的通道，当两孔隧道中某一条隧道发生火灾时，该隧道内的人员可以通过人行横通道疏散至相邻隧道。人行疏散通道是设在两孔隧道中间或隧道路面下方、直通隧道外的通道，当隧道发生火灾时，隧道内的人员进入该通道进行逃生。人行横通道与人行疏散通道相比，造价相对较低，且可以利用隧道内车行横通道。

2. 室外消火栓设置

在隧道出入口有消防水泵接合器和室外消火栓。隧道内，消火栓的间距不大于 50 m。严寒、寒冷等冬季结冰地区城市隧道及其他构筑物的消火栓系统，应采取防冻措施，适用干式消火栓系统和干式室外消火栓。

3. 灭火器设置

隧道内应设置 ABC 类灭火器，并应符合下列规定：

通行机动车的一、二类隧道和通行机动车并设置 3 条及以上

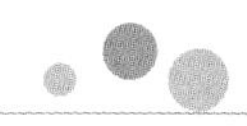

车道的三类隧道，在隧道两侧均应设置灭火器，每个设置点不应少于 4 具；其他隧道，可在隧道一侧设置灭火器，每个设置点不应少于 2 具；灭火器设置点的间距不应大于 100 m。

4. 火灾自动报警系统

为防止发生事故后，通行车辆的进入，在隧道入口外 100~150 m 处，装有禁入隧道的警报信号装置。

一、二类隧道设置有火灾自动探测装置；隧道出入口和隧道内每隔 100~150 m 处，设置报警电话和报警按钮；设置火灾应急广播，或每隔 100~150 m 处设置发光警报装置。

5. 疏散照明和疏散指示标志

隧道两侧、人行横通道和人行疏散通道上设置疏散照明和疏散指示标志，其设置高度一般不大于 1.5 m。此外，也要在消防设施上或旁边设置可发光的标志，便于人员在火灾条件下快速识别和寻找。